in NEW YORK

美式风格手记

Satoshi Kawamoto

[日]川本谕——————著　陈妍雯——————译

中信出版集团 | 北京

Preface

前言

上一本作品《与植物一起生活》出版至今，已经过了一年半的时间。

我周围的环境也发生了各式各样的变化。

其中最重大的，便是绿手指（Green Fingers）的第七家分店在纽约开张。

我的生活重心也从日本转移至纽约，

我以整个城市为舞台来创作，并从中获取新的灵感。

能生活在这样的环境中，我感到相当幸福。

在信息纵横交错的当下，

我希望读者能在我创造的空间中感受到些什么。

期待你在阅读这本书的时候，

书中的某些想法能够触动你的心绪。

川本谕

CONTENTS　目录

PARA MAS INFORMACION: 212-2
AUSPICIADO POR PEPSI Y ATREVETE
vote June 26th for Ma
Badill
NEW YORK
FXG 1611
EMPIRE STATE
BIC
#1719
58-35 47 ST
Humalo
10 ml
U-100
GUERRILLA
Plants
以植物布置街道
Times Sq-42 S
N Q R S
1 2 3 7
Elevator
at 42 St
A C
TEMPO
LAN

all over the town ...

布满整个城市……

Carmelo's Sorullito
NEGATIVITY
WILL POISON YOU.
LEARN
LOVE
STRAIGHT U
Fire
Police

plants on many places

植物出现在许多地方

Supreme
ARMY
EXI
BOGUS

U got
GREEN FINGERS
以植物点缀人

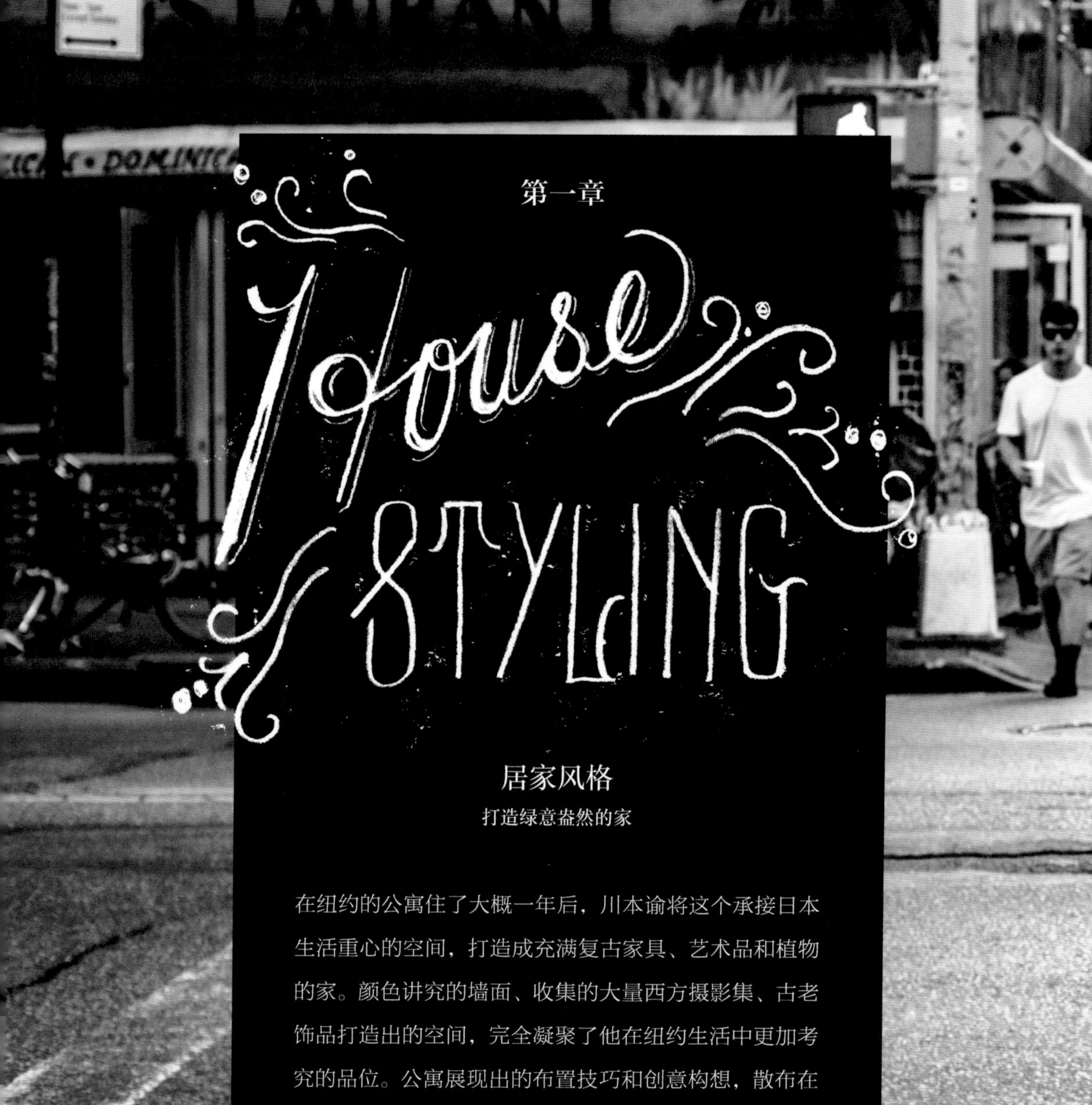

第一章

House Styling

居家风格

打造绿意盎然的家

在纽约的公寓住了大概一年后，川本谕将这个承接日本生活重心的空间，打造成充满复古家具、艺术品和植物的家。颜色讲究的墙面、收集的大量西方摄影集、古老饰品打造出的空间，完全凝聚了他在纽约生活中更加考究的品位。公寓展现出的布置技巧和创意构想，散布在房间各处，一定能激发你的想象力。

CHARI & CO
NEW YORK
CITY
GREEN
FINGERS
LAUNDRY

川本在纽约的家

玄关和置鞋间

玄关的墙面整齐地贴满了银色的锡板，设计灵感来自充满异域风情的古老餐厅，以及旧建筑物的天花板和墙壁。壁板由六片小锡板组成，像壁纸一样紧紧地粘贴在墙面上。这些锡板是从当地的家居店购回的。将老旧的木箱靠墙堆放，当作鞋柜使用。箱子内贴上一些旧报纸或明信片，营造怀旧的氛围。另外，不用了的烤箱也可当作鞋柜，实现再利用。餐具柜也可改放鞋子或T恤，代替衣柜使用。

kitchen → ~~cook~~

厨房不只用来做饭

Kitchen → closet

厨房是一间贮藏室

HANG IN
THERE!!
ZORRO
NIKE
AIR

WC
ROOMS
FOR RENT
FOREVER
THE NEW
TATTOO
KLEIN
TOOLS
5155

客厅和餐厅

打开大门，映入眼帘的是客厅和餐厅。墙壁的颜色是我以前就想挑战的芥末黄色。钉在墙上的小木架，是由旧家具的一部分改造而成的。虽然有点儿窄，但上方的小木盒隔板可以摆放小型的多肉植物，再加上一些卡片，打造出文艺风。如果将其设置在厨房的墙上，还可以用来放置调味料。发挥的创意越多，变化就越多。将毛巾放入工具袋，或将旧袋子用作装盆栽的容器，既能够收纳，也有装饰的效果。

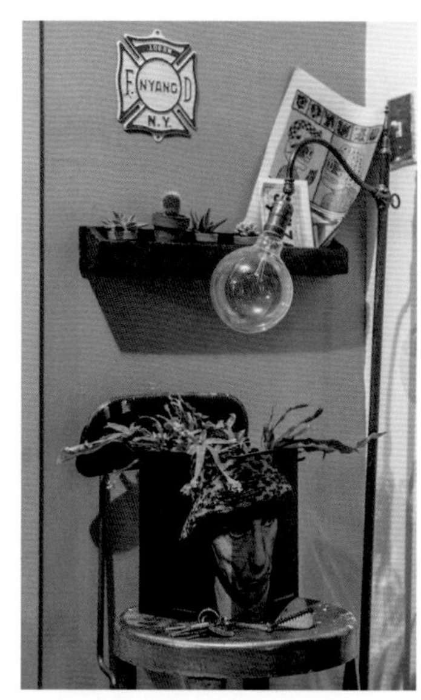

贴在墙上的红白金属装饰品，是在跳蚤市场购买的。我很推荐买些喜欢的装饰品贴在墙上。将书立在盆栽周围，封面若隐若现，为布置增添一点儿趣味。

这里是放置饰品、眼镜、领巾等，出门前打扮自己的地方。由于这里不被阳光直射，可以摆放的东西相当多。选择不需整理的装饰品来布置，比如内有人造植物和青苔的玻璃容器、纸制的蓝色花朵、插着一束干薰衣草的旧布包。用作花盆的“骷髅头”，其实是纸制的万圣节糖果盒。若使用人造植物，无论搭配何种材质的花盆都可以，这点很令人开心。

在客厅、餐厅和卧室之间的空地做了一个壁柜，旁边的墙壁油漆成有些保守的米色。为了不和隔壁的芥末黄色冲突，放置在这一空间中的厚椅垫，便选用灰色或深蓝色等能兼顾整体性的颜色。摆放一些长得较高的植物，可以增加空间的立体感，让整体变得富有层次。在壁柜门上贴上黑板贴，便可随意涂写，为了练习绘画而特地选用了这种材料。黑板上的图案，是我当初搬来时画的。

GF
HOTEL

客厅和餐厅

布置 1

将客厅和餐厅大面积的芥末黄色墙面，当作画布来装饰和布置。将在古董家具店购入的画作，挂在正中央，周围随意摆放一些大型干花，营造出复古的气氛（左图）。画作上进行了一些改造，给字样刷上了新的油漆。在画框上方，装饰了一片尤加利叶，便成了一件完整的艺术作品。将各式各样的蕨类叶子一片片排列，再加上剪报、卡片及鞋子等，粘贴在墙上作为装饰。鲜花挂在墙上静置一段时间，会自然变成干花。

客厅和餐厅

布置 2

以早晨的餐桌为主题，清爽的木桌上排列着色彩缤纷的水果和酸奶。桌旁点缀一些当季的鲜花，显得更独特。桌上的外文书籍和熏香，采用粉红色或咖啡色等暖色系，渲染出温暖的氛围。放置在中央的盆栽则选用鲜艳的绿色，加深了层次感。

Night

主角是夜晚的餐桌，充满野趣的木桌上摆放着啤酒、爆米花及腌渍小菜。由于是以绿色和咖啡色两色为主，所以装饰品和植物的挑选避开了其他颜色，整体氛围相当沉着稳重。深色系可以营造出雅致的情境。

浴室

由于浴室空间有限，因此可利用墙面或水箱上方的空间来装饰。植物不需选择太大的，以适合这种空间的小型植物为主，半日照的植物最理想。吊挂在墙上的空气凤梨，也是一项装饰重点。墙面的色彩介于灰色和咖啡色之间，是请油漆公司特别调制出来的。

卧室和工作室

这是一个阳光充足、通风且舒畅的空间。这间拥有百年屋龄的公寓特有的两扇对称窗，可爱的暖气罩等旧式设计，正是此屋的魅力所在。旁边放置着纽约艺术家柯蒂斯·库利格（Curtis Kulig）的作品，是一处交织着美式怀旧风和现代艺术感的空间。

用购自前方杂货店（Front General Store）的老式别针吊挂空气凤梨，当作墙面装饰。鸽子图案的无纺布三角旗，搭配同色系床单，体现出整体感。无法有效利用的房间角落，只要摆放一些存在感强的植物，便能丰富空白的墙面。若想让植物看起来错落有致，建议摆在椅凳或窗台上。

Thanks Curtis! It's my own "LOVE ME"

谢谢柯蒂斯！这是我专属的“LOVE ME”

透过卧室窗户，可以眺望有着纽约风情的红砖墙壁和街头涂鸦，当太阳升起时，闪耀的阳光透过玻璃射入卧室，更添清爽的气息。骰子、螺丝钉和口红等造型的粉笔，是友人赠送的礼物，随意摆放在窗台上，显得相当可爱。尽量将植物放置在可以充分沐浴阳光的窗边，植物会更显生动的活力。

Living with my kids

和我的孩子们一起生活

RED
CEDAR

PRIMARY
BLACK

卧室布置

利用植物改造窗边的空间，以多肉植物为主来装饰（左图）。大小各异的盆栽，更添立体感。由于窗台上摆满了存在感强的多肉植物，窗边风景也像丛林般层次丰富。将常作为配角的青草当作装饰重点，仿佛将草原的一部分撷取下来放在盆中，只要摆放这样一盆，便能使周围的气氛变得自然。花盆重新涂刷，着实费了一番功夫。

工作室

布置 1

以空气凤梨爱好者的房间和多肉植物爱好者的房间为灵感，我设计出两种不同的室内装饰。叶子细细长长、常用于室内装饰的空气凤梨，只要摆放一株，便可营造空间的沉着感（左图）。由于不必使用土壤或盆器，方便布置是它的魅力所在。用叶片丰腴、外形独特、相当引人注目的多肉植物来布置，植物和花盆的色调相互衬托，洋溢着温暖的感觉。搭配具有男性风格的小物件或古董杂货，也相当协调。

工作室

布置 2

clothes + bugs + plants = LIFE

衣服＋背包＋植物＝生活

将衣服和背包当作室内装饰的一部分。把背包用作花盆的构想很容易实现，只需简单几步便能让空间的感觉焕然一新。不止是观叶植物，鲜花、干花、枝条，都可搭配应用。从左起：长款外套搭配皮革手提袋和外文书，袋中装有空气凤梨；围裙搭配褪色的托特包，营造工作氛围，胸前口袋插几株粉红色小花，增添可爱气息；在洛杉矶的古着商店“污垢市场”（Filth Mart）购买的现场手绘 T 恤，搭配有特点、有朝气的植物，可以营造出随性的氛围。在橘色的复古外套底下，摆了一双由柯蒂斯·库利格手绘、全世界独一无二的布鞋，植物则选择了色调较深、给人沉稳感的种类，来衬托作为主角的衣物。试着用衣服、小物件、背包装饰一次自己的房间。

第二章

FRIEND'S PLACE STYLING

友人的空间风格

为朋友打造绿意盎然的空间

历史悠久的房子，时尚都市的单身公寓，简约利落的美式风格小店……本单元将重点介绍我如何利用植物为友人布置他们拥有百年以上历史的，象征纽约日常生活的住宅及店铺。配合不同氛围的室内空间，我提出了美式复古、考究时尚，以及简约这些风格的布置构思。借植物为熟悉的环境增添新的魅力。

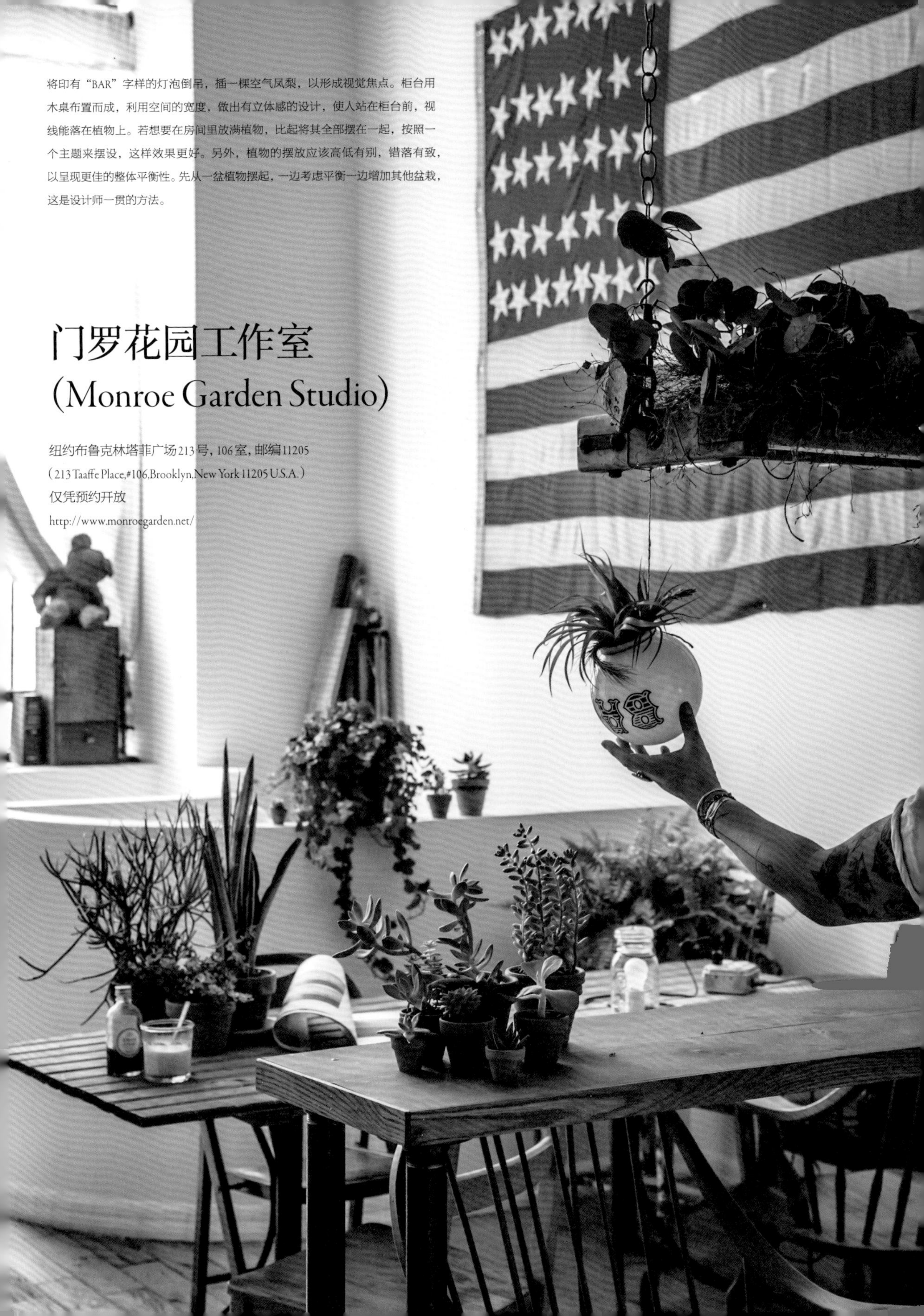

将印有“BAR”字样的灯泡倒吊，插一棵空气凤梨，以形成视觉焦点。柜台用木桌布置而成，利用空间的宽度，做出有立体感的设计，使人站在柜台前，视线能落在植物上。若想要在房间里放满植物，比起将其全部摆在一起，按照一个主题来摆设，这样效果更好。另外，植物的摆放应该高低有别，错落有致，以呈现更佳的整体平衡性。先从一盆植物摆起，一边考虑平衡一边增加其他盆栽，这是设计师一贯的方法。

门罗花园工作室
(Monroe Garden Studio)

纽约布鲁克林塔菲广场213号，106室，邮编11205

（213 Taaffe Place,#106,Brooklyn,New York 11205 U.S.A.）

仅凭预约开放

http://www.monroegarden.net/

以印第安人造型的书挡夹住盆栽，当作一件装饰品。在旁边摆一小盆多肉植物，或色调较浅的植物，增添可爱气息。再加上一些华丽的镜子或干花等小物，可爱度更是大增。打字机或地图等古董杂货和植物放在一起非常相衬。摆放一些外形较独特的植物，比如叶片厚实的多肉以及色调较深的植物，营造出粗犷又沉着的气氛。

配合床头柜的高度，可选择叶片垂落的植物，其他植物则像融入台灯和书本一般，随意地摆放着。用爆米花的空袋子包装成花瓶，也可以用其他纸袋或布袋来代替。摆放几只装有水的杯子或广口瓶，还可以随时享受插花的乐趣。闲置的工业风抽屉，多肉植物或空气凤梨可以随意放入其中，打造出一座有个性的室内花园。

工作间变成一座花园

work space became a garden

movable indoor garden

移动的室内花园

将各种高度的盆栽随意摆放在复古推车中，呈现出立体感，整个布置像是将小花园搬到室内一样。后方的梯子上随兴摆上几盆多肉植物，这样的点子应该马上就可以学会吧！摆在桌子上的小型空气凤梨和多肉植物，一边看书一边观赏，感觉非常棒。

BRF 手作生姜糖浆（BRF MADE GINGER SYRUP）
由布鲁克林丝带餐厅（BROOKLYN RIBBON FRIES）手工制作的生姜糖浆，倒入气泡水中就成了姜汁汽水，倒入热红茶中则可制作生姜红茶，也可用于料理或甜点中，是万能的浓缩糖浆。http://brooklynribbonfries.com

BOOK OF HOUSES
BASIC TECHNICAL DRAWING
HISTORICAL ATLAS

约翰与何的家庭办公室

（John and Ho's home office）

在有高度的架子上摆放植物，但要让整体看起来平衡，植物的选择相当重要：将叶子垂落的植物放在较高的位置，植物也能生长得更加茂盛；不要在每层架子上都摆满植物，而是要随意摆放。将小盆栽放在窗边，可以欣赏盆栽和远处曼哈顿大厦群的“合作演出”。细长叶片的植物，适合摆放在清爽简洁的空间中。简单的摆设，能够营造出清冷的感觉。

将空气凤梨放在手掌造型的摆件中，更能体现出艺术感。将艺术与植物结合，可以打造出富有个性的空间。在平时看惯了的摆设中，加入新颖的点子，建立自己的风格，这是装饰布置的第一步。

这是我的新王冠吗？

将背包当作盆栽容器，放置在房间的角落或看上去有些单调的地方，立刻就能成为房间的特色和焦点。在背包中放入花盆或器皿，只需片刻工夫便能完成，这也是这项设计的魅力所在。要选择看起来厚实、高度和背包大小搭配的植物。为了表现出背包的老旧质感，稍微摆放歪斜，呈现自然的皱褶，是这项装饰的重点。

"拯救卡其"内整齐排列着基本色系的服装，室内布置和衣物自然融合在一起。商品的色调搭配植物和花盆的颜色，为店铺营造出温暖的氛围。在平常用来放领巾的玻璃瓶中放入一棵完整的盆栽，就成了一件装饰品。搭配相当独特的狗脸造型开瓶器，让空气凤梨展现出纯真的一面。

拯救卡其服装店（Save Khaki）

纽约拉斐特大街317号，邮编10012（317 Lafayette Street New York,NY 10012）

http://savekhaki.com/

as you like ... 随心所欲

铁丝篮中放着可爱且自然的空气凤梨，像是和袜子一起丢进去一样。这样摆放令人联想到鸟巢，空气凤梨叶片细长且直，和这个空间绝妙地融合在一起。

花盆可以改装成能像书一般打开的物品，或像背包一样袋状的东西，改造的方式相当多样化。例如以旧绘本的书皮遮住盆栽，便成了兼具现代感和复古气息的装饰。只要是能开合的物品，即使是药箱，也能变身成花盆，洁白光滑的质感，给人以现代艺术品的气息。花盆是一种随着材质的不同，能为室内空间带来不同特色的万能装饰品。

hide and seek
躲猫猫
U got GREEN FINGERS

第三章

SHOP STYLING

店铺风格

打造绿意盎然的店铺

本单元将介绍开设在纽约东村的绿手指纽约店（GREEN FINGERS NEW YORK）、菲尔森纽约（FILSON NEW YORK）、前方杂货店（Front General Store）、沉睡的琼斯（SLEEPY JONES）这些店铺。川本谕经手的店铺的绿化和布置，从植物、时尚、美食等领域，他独到的设计理念为店铺带来全新的魅力。许多人被他的创造力所吸引，对他大加支持，也推动他往其他领域扩大发展。

Thanks for coming to GFNY!! 谢谢光临绿手指集市纽约店

绿手指纽约店
（GREEN FINGERS NEW YORK）

于 2013 年秋天开幕，这是绿手指的第 7 家分店。店内陈列着由川本谕亲自挑选、富有个性且色调沉稳的植物，以及古董杂货等商品，俨然是一个充满植物气息的新式空间。店铺提倡顾客欣赏植物历经时间后的变化，从而推出了能够感受植物生长状态、体味杂货日经风霜逐渐朽蚀的设计方案。

纽约第一东大街 44B，邮编 10003

（44B East 1st Street,New York,NY 10003）

营业时间：周一至周六 12:00~19:00，周日 12:00~18:00

在设计简单的铁丝灯罩上，装饰几棵空气凤梨，就成了一盏绿意洋溢的吊灯。其实只是将空气凤梨插入铁丝灯罩中这样的简单改造。再装饰各种不同的植物，即使只有叶片，也会制造出华丽丰满的感觉。

将各式各样的干花插在推车上，变成一件装饰品。这一装饰的重点，是在周围悬挂的绳子上，等距吊挂几束干花，让它们看起来像是挂饰一般。加上一些尤加利叶，气味会更芬芳，同时也是非常棒的室内装饰。

将小巧但外形非常独特的多肉植物，与仙人掌集中摆放在抽屉中或桌子上。越往里，盆栽越高，横向的高度则不用在意，为陈列增添了生动感，营造出律动的氛围。靠墙堆积摆放的旧木箱中，不仅摆满了植物和花盆，还摆放了灯具和玻璃瓶等不同质感的装饰品，为整体增添了独特感。

将抽屉钉在墙上，改造成装饰架。浅色的干花搭配长着青苔的陶器，可打造出古典韵味。根据搭配物品的不同，装饰架的风格可随意转变，很推荐使用。只要在房间内摆一个内置干花或人造花的玻璃瓶，便能使整个空间变得成熟、有魅力。

在店铺开幕派对上展示的艺术创作，是一幅以人体为主题的壁画，植物做成心脏的样子，以表现逐渐枯萎的美。植物静置两个月后便会逐渐凋零，是一件能切身感受时间流逝的艺术品。

my treasure

我的宝藏

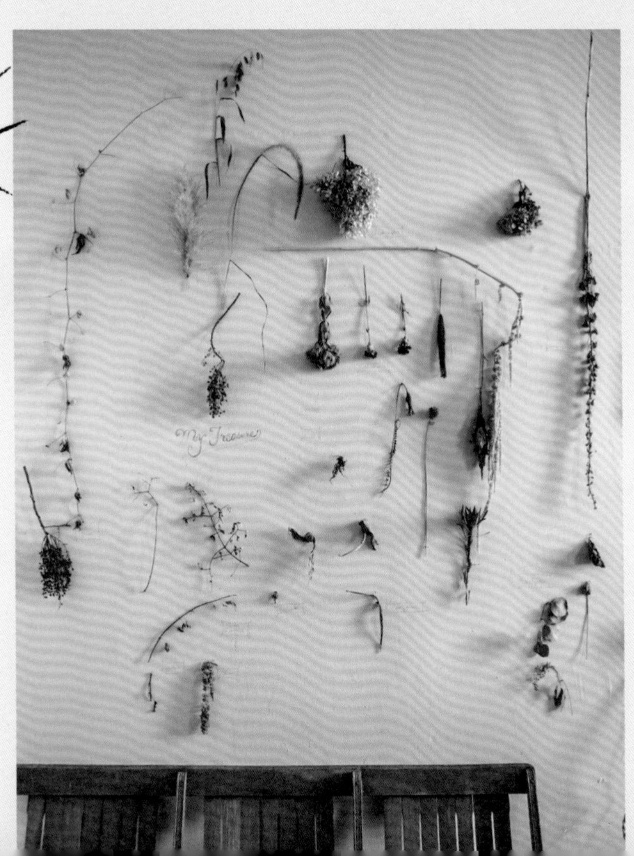

将不同种类的鲜花贴在墙上，让鲜花逐渐变为干花，从中展现植物褪色之美。为了配合白墙，用铅笔随意涂鸦，更添柔和的氛围。

You can hear the voice of green

你能听到绿色的声音

这间可用来处理盆栽或进行其他工作的工作室，是一个摆满了各种有特色的植物的个性化空间。黑板上的绘画、吊灯，搭配存在感强的植物，便会酝酿出一种独特的氛围，自然形成一幅美好的画面。

往工作室的后方去，一打开后门便呈现在眼前的，是一面布满岁月痕迹的白色砖墙，衬托着绿意盎然的后花园。利用楼梯井，摆放长得较高的植物，打造出富有立体感的空间。后花园兼具观赏和身心放松的功能，俨然是具有川本风格的理想舒适空间。到店铺闲逛时，不妨也绕到后花园参观一下。

You Got
GREEN
FINGERS

走进后花园，左手边摆放着木质长椅和绿色铁椅。大家可以聚集在这里，一起聊天交流。有历史感的墙壁和新种的植物相互衬托，能同时感受寂寥的氛围和植物生长的姿态。抬头便可看见令人心旷神怡的蓝天，在眺望着高层公寓和纽约街景的同时，心情也变得舒爽开阔。

Secret backyard

秘密后院

菲尔森纽约店
（FILSON NEW YORK）

历史悠久的户外用品名店菲尔森建立于 1897 年。为了呈现狂野的户外感，店内墙面颜色选用相当深的绿色。利用挑高的天花板和具有开放感的天窗，将植物层层摆放，营造出踏入山林的感觉。在这里，川本谕将亲自寻觅到的古董家具在植物中穿插摆放，渲染出植物逐渐凋零的氛围，令人感受到时光的流逝。覆盖墙面的植物装饰，是为了庆祝菲尔森纽约店盛大开幕限期展出的布置。

纽约大琼斯街 40 号，邮编 10012

（40 Great Jones Street New York,NY 10012）

营业时间：周一至周六 10:00~18：00，周日 12:00~18：00

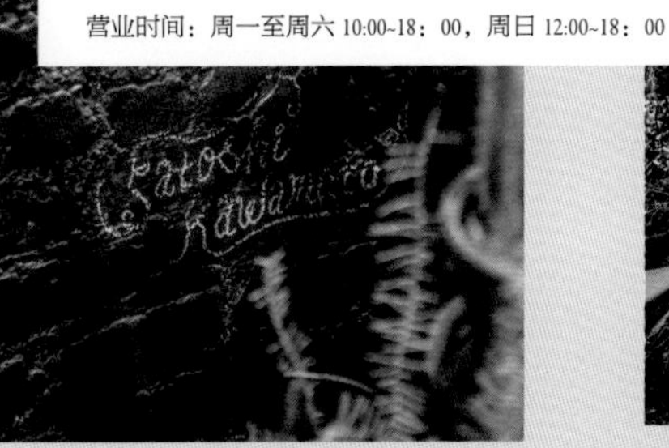

将背包挂在墙面上作装饰，旁边随意吊挂着空气凤梨和青苔，可营造出颓废的氛围。随意摆放在架子上的藤蔓，看起来就像一束装饰品。放置在走廊边或木椅上的，是以背包为容器的盆栽。

理发店

（BARBERSHOP）

这是川本谕在纽约经常光顾的理发店，装饰设计由川本谕全权负责。为了表现出美发沙龙的特点，他特意将理发店设计得透亮且通风。他采用了大型窗户，并挑选了色调明亮的绿色植物来搭配，使理发店成了洋溢着清爽气息的舒适空间。红白相间的大门和木质装饰，与植物非常相配。

纽约利文顿大街 8 号，邮编 10002

（8 Rivington Street,New York,NY 10002）

营业时间：周一至周五 11:00~20:00，周末 10:00~18:00

弗里曼斯运动俱乐部东京店
（FREEMANS SPORTING CLUB-TOKYO）

以设计理发店为契机，川本谕也为弗里曼斯运动俱乐部的第一家海外店铺——东京店设计了内饰。以纽约店铺的风格为主题，川本谕在餐厅入口的旧墙面和植物的色调上，新注入了东京的风格。不过，以纽约风格为主题并非等于复制纽约店，而是在纽约店的基础上，挑选较有特点的植物，创造出独特的立体感，继而彰显出该店的风格，这也是川本谕的坚持。

东京都涩谷区神宫前 5-46-4

营业时间：商店和理发店 11：00~20：00；餐厅 12:00~23:30

前方杂货店
（FRONT GENERAL STORE）

前方杂货店是一家位于布鲁克林丹波区的复古小店。由于植物和杂货很相配，川本谕巧妙地将植物融入杂货中。店铺并不是装饰得漂亮就好，而是要首先考虑客人进店时，视线会落在哪里，店内的物品是否显眼这些问题，再根据具体情况调整陈列方式，这点相当重要。摆满了各式魅力商品的店内，植物也须慎重挑选。

纽约布鲁克林前街 143 号，邮编 11201

（143 Front St Brooklyn NY 11201）

营业时间：周一至周六 11：30~19:30，周日 11:30~18:30

网址：Instagram.com/frontgeneralstore

将高度相近的玻璃瓶和小盆栽摆在一起，周围再随意摆放几盆鲜艳的仙人掌，这种植物搭配杂货和古董的创意，店内到处可见。另外，原本空旷的墙面，利用天花板来装饰，看起来更加有立体感。大胆使用尤加利叶、干花以及三角旗等装饰品，更为整体布置带来律动感。

布鲁克林朝圣者旗舰店
(Flagship Pilgrim shop in Brooklyn)

冲浪朝圣者(Pilgrim Surf+Supply)以贩卖冲浪用品为主，再加上各式生活用品和饰品，受到了高度关注。柜台后方是陈列着独特商品的柜子，随处穿插着植物装饰，植物也化身装饰品的一员。为了衬托商品的色彩，植物以简单的盆栽为主。

纽约布鲁克林第三大街 68 号

(68N 3rd St,Brooklyn,NY)

营业时间：每日 12：00~20：00

冲浪朝圣者 BEAMS 原宿快闪店

(Pilgrim Surf+Supply in Residence at BEAMS HARAJUKU)

以和冲浪朝圣者的老板交流为契机，川本谕负责设计了开设在 BEAMS 的冲浪朝圣者快闪店的装饰。店内摆设仿照纽约布鲁克林总店，并装饰了由川本谕亲自挑选的玻璃罩、瓶花、手绘布鞋盆栽。最大的特色是，川本谕利用老旧的冲浪板和浮标，打造出了一个充满海滩风格的舒适空间。

※ 由于是限期开放的快闪店，现已结束营业。

沉睡的琼斯
（SLEEPY JONES）

沉睡的琼斯是一家休闲、家居服名品店。川本谕与该品牌创意总监安迪·斯佩德（Andy Spade）见面后，便开始着手设计店面的装潢布置。品牌特有的柔和感和以白色为主的店铺设计，与铅笔手绘图案十分相配。架上较高处的摆设以人造植物为主，既具有装饰性又方便店铺管理。

网址：http://sleepyjones.com/

花水木咖啡馆
（HANAMIZUKI CAFÉ）

在花水木咖啡馆，顾客既能享受营养均衡的料理，又能放松身心。这个能够让人休憩、疗愈身心的场所，以灰黑色的绘画映衬着白色的墙壁，突显出对比感，打造出简约、雅致的风格。在饰品方面，川本谕以植物、黑板涂鸦及复古柜台为主来装饰，增添店铺特色。描绘在墙上的彩色粉笔画，意思是“享用一道美味料理”。

纽约西 29 大街 143 号（第六和第七大道之间），
邮编 10001（143 W 29th St,New York,NY 10001）
营业时间：周一至周六 11:00~20:00，周日不营业

2013年9月，位于纽约近郊长岛的纽约现代艺术博物馆PS1分馆（MoMA PS1）举办了纽约艺术书展（THE NY ART BOOK FAIR）。在该书展的创意市集内，Ed. Varie书店和川本谕在市集内一个较大的开放空间中打造了一个植物与书店完美融合的概念店。

第四章

EXHIBITION STYLING

展场风格

打造绿意盎然的展览会场

前一本作品《与植物一起生活》的签售会，在现代艺术博物馆 PS1 分馆（MoMA PS1）举办的纽约艺术书展，以及于猪笼草画廊（GALLERY AT NEPENTHES NEW YORK）举办的海外初次个展，皆展现出川本谕收放自如的表现力。本章将介绍从川本谕的作品中衍生出的四个展览。川本谕的创作自由且独具才华，欣赏其作品的人们能够从中获取灵感，建立自己的审美体系。

纽约艺术书展

2013年9月19日至22日，纽约艺术书展于长岛市的现代艺术博物馆PS1分馆举办，书展汇聚了全世界280多家出版社，还包括了艺术家们关于杂货、旧书的展览。川本谕受到EdVarie书店的邀请，负责植物概念书店的设计及布置。与此同时，川本谕举办了《与植物一起生活》一书的签售会，传播古董家具或杂货搭配植物的这种装饰理念。植物概念书店设于馆内中庭，获得了相当多的关注与支持。

现代艺术博物馆PS1分馆的EdVarie植物概念书店，由川本谕设计

植物概念书店的内饰，是能够表现川本风格的深色调配色，装饰富有特点的植物、古董杂货、铲子及洒水壶等园艺用具，极具设计感。莅临书展的世界各国来宾，饶有兴趣地欣赏展览，咨询商讨，似乎能感受到今后国外植物装饰市场的反响。

四天的书展中，总结展品和书籍获得什么样的评价，也是川本谕本次活动的目的之一。看到将日文版书籍拿在手中翻阅的来宾，川本谕便知道自己的作品中有着不必言传便能让人心领神会的力量。这次的经验对川本谕来说，是他在纽约开拓设计事业的重要积累。

“绿色或死亡”（GREEN or DIE）
川本谕个展 猪笼草画廊

2014 年 1 月 21 日起，川本谕于纽约猪笼草画廊举办了自己在纽约的首次个展。粉笔画中的人体部位以植物来表现，并非只是为了表现“诞生、消亡”这一自然哲理，而是借由植物的力量，激发观赏者的想象力。借着植物和人体部位的结合，将植物枯萎的姿态和身体老去、生命消亡的样子联系在一起。另外，“……或死亡”这句话并非表示死亡的意思，而是隐含着“喜爱到死”的意义，表现出川本谕藏匿于作品主题中的玩心。

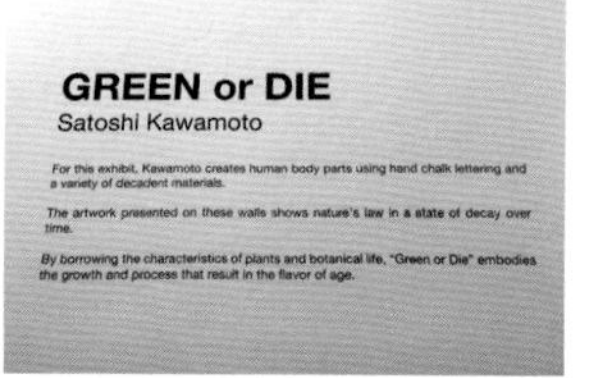

摄影：Masahiro Noguchi

U
CAN
HEAR
The Voice
OF
Green

AMAZING THINGS WILL HAPPEN
IT IS
True

RESERVOIR
OF
Talent

Lay
THE
Foundation

THINK
about
GREEN

FOR
Future

The

BIG MOUTH
TRUE
LOVE

川本谕与巴黎陶瓷店 Astier de Villatte 联名圣诞主题展

2013 年 12 月 17 日至 2014 年 1 月 7 日，于“H.P.DECO 充满好奇心的小屋”横滨店，举办了 Astier de Villatte 和川本谕联合设计的，以陶器为中心，用玻璃器皿、家具、香料、文具等装饰布置的圣诞主题展。传统节日的氛围和感情充沛、设计精美的 Astier de Villatte 产品，搭配不凋花和干花等有着颓废气息的素材，营造出一个童话般的艺术世界，是一个神秘如同梦境般的空间。

活跃在各个领域的 9 名创作者，通过图像作品展示了“个性究竟是什么？”这一主题。这是应野村先生的要求而增加的展示，他希望能将这些作品与展览一同展出。

盖璞“蓝色盒子礼物”

盖璞（Gap）于 2014 年 3 月实施的计划：蓝盒子礼物，主旨是将最原本的生活状态、生活方式、生活风格呈现在阳光下，让大家感受各种让自我发光发热的方式。通过活跃于各个领域的来宾，直击心灵的素描展览及座谈会，“个性究竟是什么？”这一主题以各种形式被诠释着。此次展览在 2014 年 3 月 26 日及 27 日，于螺旋花园展览馆（Spiral Garden）举办。画家、创作人，活跃于各领域的展览馆馆长野村训市先生更亲临展览现场。川本谕负责将盖璞的经典单品——牛仔服、卡其裤等衣物与植物搭配，创作装置艺术。

第五章

BRAND STYLING

品牌空间风格

打造绿意盎然的品牌联名合作空间

川本谕在切身感受着大家对自己作品的评价及反应的同时，分别拜访了年轻时便对其创作品位及个性相当崇拜，心中抱持着一份尊敬的帕特里夏·菲尔德（Patricia Field），以及有着独特创作观念和渊博知识面的铃木大器，进行了两场足以改变人生的会谈。本章节记录向世界迈出坚实一步的川本谕和他尊敬的两位艺术家的对谈，并介绍川本谕获取灵感的品牌，及其亲自创作设计的商品。

颇具影响力的造型师帕特里夏·菲尔德曾参与制作

美国电视剧集《欲望都市》及电影《穿普拉达的女王》等人气作品。

帕特里夏·菲尔德 / Patricia Field

美国服装设计师、造型师，在纽约拥有自己的服饰店。凭借在超人气电视剧《欲望都市》中担任服装造型师，她以崭新且具独创性的时尚风格一举成名。2002 年凭借《欲望都市》获得艾美奖。2007 年更以电影《穿普拉达的女王》入围奥斯卡金像奖服装设计奖。

参与的电视剧：《老妈唱摇滚》《城市大赢家》《欲望都市》《丑女贝蒂》；电影：《穿普拉达的女王》《欲望都市》；音乐录影带：安室奈美惠《60s 70s 80s》

帕特里夏·菲尔德同名店
纽约韦里（E 休斯顿大街和布里克街之间），
邮编 10012[wery(Between E Houston & Bleecker St)
New York,NY 10012]
营业时间：周一至周四 11:00~20:00，
周五 / 周六 11:00~21:00，周日 11:00~19:00

与帕特里夏·菲尔德的对谈

通过友人介绍认识之后，彼此志趣相投，川本谕接下了装饰店铺的委托

帕特里夏（以下简称帕）：我们第一次见面，是经过共同的朋友介绍的。当时，每次看到自己商店内枯萎殆尽的花园，心里就很难过，于是便询问朋友是否认识可以帮忙整修花园的人。

川本谕（以下简称川）：这位朋友说，我认识一位园艺设计师，于是就把我介绍给帕特里夏小姐了。

帕：是的。因为一直想委托给对美学有高度认知的人，所以在会面前我就相当期待了。其实我之前的园艺师，是一个和我的步调完全相反的人。他总是把我的花园打造成英伦风格，但我想要的风格是更豪迈一点的。我还记得和川本谕刚见面，立刻就有“我们太合拍啦！”的感觉。

川：即使帕特里夏没看过我之前改造的花园，单凭对话，我们也渐渐有了共识。不光是花园方面，我们各自的想法也很契合，最后决定先从店铺施工开始进行。

帕：店铺是由我以前的住所改建的，现在花园的位置，是以前的卧室和浴室。店内美容沙龙的花园，也是由川本负责的！整个环境绿意盎然。之前还住在这里时，一边沐浴一边眺望窗外的绿叶，这是我非常惬意的时光。能够保留这个承载温馨回忆的空间，我非常高兴。我真的很信赖你的品位。

川：能让你这么喜欢我真的很开心。之前帕特里夏小姐也告诉我，要我负责打理店内的花园。在这之后，我将着手装饰帕特里夏小姐住所的露台。

能够欣赏开阔的纽约街景，吹着舒适凉风的露台，是帕特里夏放松身心的场所。以她喜爱的竹子作为装饰，体现出她独特的审美。

以喜爱的竹子打造独具匠心的露台和舒适美好的生活空间

川：你家的露台，要求我以竹子来做装饰设计，为什么会选择竹子呢？

帕：一位住在佛罗里达的朋友，在自己的庭院里种了竹子，那种森林般蓬勃生长的样子，有种波希米亚的风格，我非常喜欢。另外一位住在希腊的朋友，也在自家种了长得很高的竹子，我看到的时候就觉得"我也好想要！"我对于日本风格的植物，比如松树之类的没什么兴趣……还是比较喜欢带一些柔软风格的竹子。

川：露台上本来就摆着自己买来的竹子呢！

帕：大概一年前，我去超市买了一些竹子回来，我非常喜欢它们，但一到冬天就枯死了……因为不知道如何照顾，又担心长得太高而容易倾倒，所以刚开始买的都是比较矮的品种。川本帮我挑选的竹子，高度和氛围都很符合我的想法，真是太棒了！

川：谢谢。如果露台的竹子生长顺利，接下来还可以增添一些植物，室内也装饰一些的话就更好了。

帕：是呀！之后也想在房间里增添一点植物呢！我身边很多人，无论是家人还是朋友，家里一直有一个小花园。在植物的围绕中长大，他们觉得自己身边充满着各种植物是一件很自然的事。

川：我也一样，虽然在东京出生，不过祖母家的露台种有很多植物，小时候便有很多和植物接触的机会，所以我非常能理解被植物围绕的感觉。

帕：身边的事物可以为自己带来幸福，我认为这点非常重要。我希望生活得简单快乐，也希望能在令人快乐的地方生活。

帕特里夏对美感和植物的共同想法是……

帕：身为造型师，我常常使用亮片、羽毛、毛皮这些元素……这点我想大家都知道，不过说到根本或观念里最核心的部分，我认为是“有机”（organic）。“有机”并非视觉上能感受到的事物，而是一种像植物一样不为所动的东西。对我来说最重要的事，就是保持内心的坚毅稳固。就算使用亮片这类花哨的配件，我的风格也绝不会有所动摇。对我来说，植物同样也是屹立不倒的存在，我想这就是两者相同的部分。

川：我也有这样的经验，所以能够体会这些话的分量。正因为经历了各种各样的事情，我便会更加坚定地秉持“本就该如此的事是不能刻意改变的”这样的信念。我非常尊重这一信念，而你对植物也抱有这种想法，令我觉得很有趣。

帕：谢谢。还有，我的房间是摩登风格，不过不是 20 世纪 60 年代那种死板的摩登，而是比较随性的，且融入古典风格，不会随着流行趋势的变化而过时，因此也看不腻。比如说这张蛇皮椅子，是设计师罗伯特·卡沃利（Roberto Cavalli）送给我的。还有，这张桌子是 20 世纪 70 年代在路边捡的。后来我才知道，这好像是某位著名艺术家的作品，我只是随手把它捡回家，没想到是非常有价值的东西。并不是因为它有价值我才觉得好，而是从设计师的角度来看，它看起来真的很不错。我信赖自己的审美。这些家具已经摆了 40 多年了，我仍然看不腻！

不论植物还是时装，造型就是表现自身审美的方式

帕：就美感的表现方式来说，我认为植物的装饰设计和时装的造型设计是一样的。不过植物会自己生长，是比较自然的东西；而时装则是人为设计制作出来的，这个部分就完全不一样了。

川：说到“表现”这个词，我用植物装饰庭院或房间时，总是无法从同业者身上获得灵感。反而会将时尚或室内设计等不同领域的事物牢记在自己脑中，并活用于工作中。所以我想，虽然两者看似完全不相干，但我却能在“表现”这个部分得到灵感。从某种意义上来说，我们的工作其实是很相似的。如果将帕特里夏小姐设计的时装和我的植物混搭起来，一定很有趣，所以我一直期待着合作。虽然各自领域不同，但她高超的品位仍给了我相当棒的灵感。

帕：将植物与文化融合在一起的跨界创作，在我的领域也有过。以服装为例，1000 年前的人类猎杀动物，用它们的毛皮当作衣服，但时代变迁，发生了很多改变。虽然领域各有差异，但对美的表现却有共同点，这点相当有趣。

与铃木大器的对谈

(NEPENTHES AMERICA 品牌总经理、
ENGINEERED GARMENTS 品牌设计师)

铃木大器担任 NEPENTHES AMERICA 品牌总经理和 ENGINEERED GARMENTS 品牌设计师。
通过共同的朋友介绍会面后，两人相继举办了纽约的初次个展以及设计方面的联名合作。
甚至可以说，如果没有铃木大器，川本将难以拥有如今在纽约的生活状态。
两人交流的契机是什么？今后合作的计划又是怎样的呢？

铃木大器 / Suzuki Daiki

NEPENTHES AMERICA 品牌总经理，ENGINEERED GARMENTS 品牌设计师。1962 年生，曾为进口布料销售员、男性杂志专栏作家、设计师。1989 年进入 NEPENTHES 公司后，移居美国，在波士顿、纽约、旧金山居住过。1997 年在纽约开设工作室，1999 年开始经营 ENGINEERED GARMENTS 品牌。2006 年开始兼任 Woolrich Woolen Mills 品牌设计师。2009 年获得由美国 GQ 杂志及美国时尚设计师协会（Council of Fashion Designers of America，简称 CFDA）举办的第一届年度设计师大奖——美国最佳新锐男装设计师奖（Best New Menswear Designer in America）冠军，并成为日本首位 CFDA 的正式会员。

NEPENTHES 纽约店
纽约西 38 大街，邮编 10018（West 38th St. New York,NY 10018）
营业时间：周一至周六 12:00~19:00，周日 12:00~17:00

与铃木大器的对谈

纽约的初次个展以及店铺开幕，见面后决定联名设计合作

铃木（以下简称铃）：一开始见面的契机，是共同的朋友向我提起阿谕要在纽约办个展，正在寻找当地能够帮忙的人。

川本谕（以下简称川）：没错。我久仰大器先生的大名，心想，竟然可以跟大器先生见面！我高中放学后就常常去逛 NEPENTHES，还会存钱买 NEPENTHES 的衣服，现在依然非常喜欢这个品牌，所以真的觉得非常惊喜。他甚至帮我确认了纽约的店面，真的给了我很多照顾。

铃：在见面之前，我就常听友人提到阿谕，所以即使是第一次见面，也完全没有陌生感。我觉得他是个细心又客气的人。可以看出来他总是打扮得很时尚，也很喜欢服饰。而我平常就有点邋邋遢遢的感觉！

川：没有没有，才没有这回事。对我来说，可以来大器先生的工作室就是一件很荣幸的事了，看到您在这张桌子上画设计图的样子，心里会想，接下来就要诞生新作品了！可以亲眼见识到服装诞生的现场，真是很棒的体验。

铃：我看到阿谕的设计图时，也觉得很厉害，吓了一大跳。

川：谢谢称赞。大器先生设计出的服饰，一直给我惊艳的感觉，我在设计空间时，也从中获得了不少灵感。

铃：可以从不同领域获得灵感，阿谕真的是个很感性的人。不会拘泥于一种形式，会从多个角度来看待事情。我对这样的想法很有同感，虽然我自己不会缝衣服，但我可以将各种素材和技术组合起来，就像一场时装秀，我想阿谕也会有类似的感觉。虽然在一个全新的环境中打造出令人惊叹的事物，是一种创作，但将植物和古董等现有的东西进行组合，再创作出新的作品，只有品位高的人才做得到。将手绘创作类融入作品之中，感觉也很棒。

川：首次个展中的作品，就是手绘和植物的组合。

铃：店铺兼展览会场相当有趣。我自己的个展，画和照片比较多，所以也曾想过展示不同的东西，当听到以植物为主题时，心里就想着说不定会很有趣。

川：举办个展时，同时也办了限定卖场。大器先生帮我制作了印有“绿色或死亡（GREEN or DIE）”这个主题的 T 恤，真的很开心。

铃：说到一起制作的单品，背心和围裙也是特别定做的。

川：在工作室里从挑选布料开始讨论，非常激动。摆在纽约店里限定出售的衣服，是日本员工的制服。还有，我也参与了 T 恤图案的绘制。

工作室位于 NEPENTHES 纽约店的楼上，摆满了样本布料和设计图，对川本的创作产生重大影响的服装就诞生于此。

铃：没错。我看到阿谕用粉笔手绘的图案相当漂亮，本来想模仿，结果完全不行，所以才会拜托阿谕。

以感性的设计创意，
拉近植物和时装的距离

川：对大器先生来说，植物是什么样的存在？会在身边摆放植物吗？

铃：虽然不会在身边摆放植物，不过我会使用花卉和植物图案的布料制作服装，也会买一些植物。东京店虽然是服饰店，但带有时尚用品店的一些要素，现在也会售卖植物。纽约店拓宽了领域，也开始售卖植物；阿谕则是相反，除了卖植物，还有生活杂货和服饰，有种将两者渐渐融合的感觉。

川：我一直想将植物和服装做更多的结合。ENGINEERED GARMENTS 品牌2014年秋冬的时装，在拍摄时将干花用作胸针，我认为将自然的东西和服装结合，可以创作出更有趣的造型。我自己也常在帽子上加一片尤加利叶，如果有类似的创意，我想会很不错。另外，我也会在外套的口袋里插一些鲜花或像杂草一样的叶子。

铃：这次的时装系列，我从“好像少了些什么”这样的提议中，得到了加上“胸针”这样的灵感。对我来说，胸针的印象一直停留在 30 年前某些设计师品牌的设计，所以我觉得阿谕的想法很新鲜。

川：我对胸针一直有着手工制造的印象，所以希望能赋予它更自然的形象。这次以用胸针点缀造型为契机，我也参与了时装的设计。如果还有机会，我想做一些园艺师想不到的事。希望还能一起合作做这么有趣的项目。

铃：虽然我也想试试将配件和植物一同拍摄，但总是赶工到期限之前，实在是没有执行这个计划的余力……不过设计完成后，如果能在营销方面做点什么，我想应该很有趣，将来想尝试看看，比如将店里的一部分甚至全部，改造成丛林。

川：利用我家的后院做一些装置类的作品似乎也很有趣。服装方面，在衣服上放一个树根，或丢下几片叶子，感觉很有我的风格。不必事事都提前规划清楚，我想这样更能表现植物的特色。

迈向更高境界的关键，坚持不懈和直觉

川：我不会保证定期创作出几件作品。像服装，不同季节有不同主题吧？这些主题的灵感都是怎么来的呢？

铃：每年有两季，春夏和秋冬，虽然灵感常常是突然就来，不过最基本的还是寻找题材。不是要特意去决定一个主题，而是找很多题材，或是回想以前看过、穿过的东西，再来思考。找到一个题材后，再衍生更多的想法。但是在找到题材之前会一直处于模糊状态。

川：比如说出差的时候，看到当地新奇的东西，会想“这个可以用！”吗？

铃：去的时候会这样想。不过，通常这种在某地突然发现的东西，对它的喜爱也会淡得很快。结果常常还是参考一些广为人知的东西。在这个行业，靠灵光一闪就决定主题的人很多，但我如果这样做，恐怕客人会难以理解，和品牌的风格也会有所出入。不论过程如何，最后总是留下自己认为没问题的题材。即使一开始觉得这题材很不错，但如果中途认为“还是不太行”，就算已经投注了相当多的精力，还是会放弃。

川：制作时会感到不对劲吗？

铃：会觉得有不协调感，做了之后会有很奇怪的感觉。到了我现在的年纪，即使拼命找、拼命抓，也很难得到全新的感觉。再者我认为还是当地人和在那里生活的人的想法比较有趣，因此，我想询问他们的意见，吸收一些好的灵感。阿谕想过下一个阶段吗？

川：下一个阶段吗？我还在寻找中，因为现在还无法准确地用语言表达出来，有一种本领还没有被百分之百发挥出来的感觉。不过，如果有更多的人对我的作品表示认同，我会很开心，也希望能够打造更多这样的空间。

铃：在艺术创作中，打造店铺装饰这项技艺，

感觉会是一个加分点。我很期待你之后的表现。

川：直到一年半前，我从没想过在美国开店，之后会发生什么事也无法预测，但我想只要确定想做某件事，多接触各领域的人，激发一些意想不到的化学反应，一定会更有趣。我很重视我的直觉，想做的事一定会去挑战看看。

ENGINEERED GARMENTS 品牌和绿手指纽约店联名设计的限量工作围裙与背心。只在绿手指纽约店限量发售，有咖啡色和条纹两种款式。绿手指东京店的工作人员制服，也推出了女装的款式。

联名合作

东屋店

为了纪念开设于银座南青山，将传统日本之美展现出现代感的和果子店东屋（HIGASHIYA）开设十周年，店家推出了融入各种创意、与各方联名合作的限定版一口果子。第三款点心连包装都是川本谕设计的，主题定为“森林珍宝”（Precious Gifts From The Forest），令人想起日渐染红的秋色，一口果子就像滚落在森林中的小橡果。（东屋银座店：东京都中央区银座 1-7-7 POLA 银座大厦 2 层）

联名合作

GANT RUGGER 2014 秋冬系列预告

GANT RUGGER 品牌的 2014 秋冬时装，以绿手指为灵感，将花园、绿植、花卉、慢食、运动作为焦点。与川本谕合作的契机是，品牌负责人阅读了《与植物一起生活》这本书，十分欣赏店铺的布置以及川本谕的品位，获得不少启发。川本谕因此受邀设计该品牌服装系列的装置艺术，并制作宣传影片等。“以本店和川本谕的风格相结合，作为品牌形象。”手绘粉笔画也采用了以店铺后院为灵感的设计。

GANT RUGGER 原宿店

2014 年 9 月 5 日，美国老牌名店 GANT 于 2010 年诞生的子品牌 GANT RUGGER 在亚洲的第一家旗舰店“GANT RUGGER 原宿”，于东京神宫前开幕。2014 年秋冬时装的主题，由于是从绿手指中获得的灵感，所以请川本谕负责原宿店的空间设计。以富含特点的植物，为店内干净的白色瓷砖和木纹板增添一些创意元素。

东京涩谷区神宫前 3-27-17 WELL 原宿 1 层

营业时间：11:00~20:00

网址：http://www.gant.jp/

作品

绿手指2014S/S

绿手指2014年春夏作品。“每年一度，表现出自己想表现的世界。”川本谕抱持着这样的想法进行创作，今年的主题为“晚餐后的100年”，表现出植物丛生的地方残留着人类的气息。银制餐具和餐盘散落于地，长年被遗忘的餐桌长满植物，川本谕将原本整洁漂亮的环境，打造成因时间流逝而显得沧桑，充满怀旧气息的空间。

第六章

HISTORY IN NEW YORK

在纽约的历史

在纽约开设绿手指的心路历程

“想在国外办个展”，从下定这个决心起，川本谕便开启了这段纽约心路历程。旅行、和人的相遇、面对自己的表现等，这一年转瞬即逝，但川本谕却在这一年经历了人生的转机。新店铺作为表现的舞台，这种新风格是否与当地人品位相符？在不断自问自答之下，他以独特的品位和开放的心态，不断迎接挑战，表达对纽约的想法，展现今后的抱负。

纽约心路历程

自己有想做的事，并可以从中收获。

我想这就是一种个人风格吧。

借去纽约的契机，寻找办个展的场所，
而店铺则是表现自己的舞台

2014年9月，绿手指纽约店迎来了开业一周年。直到一年前，我都没想过自己会在纽约开设一家店。现在回想起来，这一年真是充满了许多命中注定的相遇。

为了寻找可以办个展的场地，我决定去纽约。在一切仍是未知数时，在我心里只有“我要在纽约或巴黎等城市举办个展”这件事是确定的。最终选择纽约，只是基于“没有去过这个城市，总之先去看看吧！”这样简单的理由。当我到了纽约，并在此生活了一段时间后，我感受到纽约的环境和文化已经深深影响了我。那时候心中有个感觉：我想在这座城市表现一些什么。这也成为我坚守信念的动力。我相信自己的直觉。

接下来，终于开始正式寻找办个展的场所了。但是找了好几个地方之后，都觉得不合适。如果要借大型的展览馆，成本方面是个问题。我想如果一个场所是所谓适合的，我对它应该会有不同的感觉。但是这些场所和我心中构想的场所终究不一样。除此之外，在纽约参观各种出售植物的店铺时，我心中会不断涌现“如果是我来做，应该会这样做”的想法。这时我心中浮现出一个答案，去租借几个箱子，将它们当作我独一无二的表演场地。下定决心后，想法也有所改变，我开始找寻可租赁的空间，最后终于找到现在这个地方。大约是半年后，我在第三次来美国时就签了合同。当时只是为了开个展而去纽约，因此决定开店之后，碰到许多像是必须在美国创设公司、内部的装潢设计等棘手的事情。不过，我的个性是想做就会做到底，所以只会一直摸索前行。遇到问题时，再想办法

百年以上的老公寓，自己重新粉刷装潢。窗外看得到纽约街景，充满了身在纽约的真实感。

解决就好。现在店铺也顺利迎接开幕一周年，并且我自己有幸参与各种活动。在这样的生活中，我依然认为我做的事情是正确的。

公寓签约，迎接新的人际关系，迎接纽约的新生活

在纽约租房子，是因为我在纽约已经待了好几个月，之前一直住在酒店里，但因每次吃饭都要跟酒店预约，相当麻烦，干脆租间房子比较方便。最后，租了一间从店铺步行就能走到的公寓。这间公寓可以随意粉刷墙面的颜色，也可以改变装潢，在忙碌的时候，搜集装饰房间的物品，也是一种转换心情的方式。不过，因为房间在四楼，搬大型物品时相当不方便，这是它的缺点。

另外，到纽约之后，更大程度上拓展了人际关系。在聚集了各种人群的纽约，我遇到了许多和自己想法十分合拍的人。在这里认识的人，对我而言都是非常重要的人。我能够在异国毫无阻碍地前行，无非因为和这些人相遇。因此，我再一次深切地感受到人与人之间的联系。

最希望在纽约确立的个人风格

关于店铺的经营方式和商店的销售方式，日本和美国有什么不同呢？这是我每一天都在思索的问题。当然，客人喜欢的话就会买，这种感觉应该是一样的。另外比起日本，美国喜欢室内装潢的人似乎更多，他们相当珍惜在家的时光。从这个方面来看，在美国会买小型盆栽或家饰杂货的人或许也比日本多。生活在这片土地上的人们有什么样的需求，不亲自接触是不会知道的。自己在展现想表

在空旷的室内，慢慢增添有个人风格的饰品。装潢房间是转换心情的好方式。

现的艺术形式时，当地人的反应如何，是否有感觉上的不同……我的脑中会不断涌入不安和不必要的顾虑，也曾经为“要是进行得不顺利怎么办”这种想法而烦恼。不过，当自己投入到活动策划中时，我注意到我最希望的是，顾客能够以观看展览的眼光欣赏我的作品，并从中获得一些感触。认真地展现自己要表现的事物，并让人感受到我的用心，这样的信念越来越强烈。在制作以盈利为目的的商品时，也希望自己不要丢失了初衷。考虑到最后，我认为店铺还是需要具备一些展览馆的要素。表现出自己的想法，顾客看到后下单，从中获得感触，这样的经营风格才是最适合我的。

保持初心不为所动，
展现出更宽广的一面

将店面当作展示的场地，带给我一些工作机会。有些人在别处看到我的作品后，前来登门造访，接着被店内的氛围吸引。GANT RUGGER和菲尔森等品牌都是因此而有了进一步的合作。举例来说，在纽约店铺后院拍摄的GANT RUGGER影片，除了唤起人们思考人与人之间的联系，也打开了新的世界。像这样能延伸得更广阔的机遇很有意思。有了这些经验，我更加认识到店铺的重要性，所以依季节定期改变内部装潢也是必要的事。从我的作品中得到一些想法后，再次来到店里的人，如果看到和之前一样的风景，那就太无趣了。

踏出坚实的一步，
聚焦川本谕的今后

今后，如果能够打造出一间我亲自规划室内装潢的公寓型酒店就更棒了。店铺要表现出个人风格，这点一直没有改变，我希望纽约分店能更强烈地体现出

有后院的店铺是先决条件。仅仅花了一年，川本谕便在纽约曼哈顿开设了新店。

这些要素。虽然也计划着要在其他国家展示自己的设计，但目前比较忙碌。我接下来将筹划美国西海岸的构想。另外，我比较感兴趣的地方是巴黎，我想在巴黎一定能感受到和纽约不同的氛围，希望能挑战一次。日本方面，在前一本作品《与植物一起生活》中也提到，我从2010年到2014年住过的平房，其改建而成的概念店兼工作室The FLAT HOUSE也开幕了。店铺洋溢着复古的氛围，我亲自负责从装潢到内饰的整体设计。在商店方面，我选择了能够不经意表现出制作人想法和心思，兼具高质感和创造力的商品品类，并以它们为基础来进行策划。The FLAT HOUSE的网上商店（http://www.theflathouse.jp/）同步出售店内的商品，大家可以进行线上选购。

我认为不管多少岁，持续学习都是相当重要的一件事。看到的各式各样的事物，即使将它们记在脑海中，记忆也会随着时间消逝而变得淡薄。因此，在一生中，看尽各种事物，要尽情地感受，不断地吸收新的灵感，是相当重要的。如果不常常去感受一些新鲜有趣的事物，自己也会变得了无生趣。

之后还有许多想挑战的事，所以我不会改变立场，我也将继续在日本全国以及其他国家辗转工作，不断地前进下去。

GREEN FINGERS

关于绿手指

本单元将介绍绿手指在日本的六家店铺，以及开设于美国纽约的店铺。除了川本谕以独特眼光搜集到的植物，杂货和家具，也有着绿手指特有的风格，能与植物相互衬托。只要摆放一盆，便能为室内带来全新的风情，让你体会到至今生活中从未体会过的新鲜感。不妨抽空来店里逛逛，充分感受一下和植物共同生活的悸动心情。

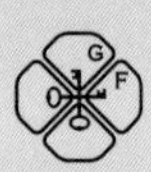

绿手指纽约店（GREEN FINGERS NEW YORK）

2013 年，绿手指的第一家海外分店在纽约开业。这家店在曼哈顿街头相当吸睛，店内洋溢着艺术及文化气息，能够充分感受到绿手指的风格。它同时也是一个能够表现个人艺术风格的展览馆和工作室，为顾客提供以植物增添生活情趣的新点子。另外，店内考究的艺术品、家具、家饰等，也是顾客装饰空间的绝佳参考。

地址：纽约第一东大街 44B，
邮编 10003（44B East 1st Street, New York , NY 10003 USA）
电话：+1 646-964-4420
营业时间：周一至周六 12:00~19:00，
周日 12:00~18:00
网址：http://greenfingersnyc.com/

绿手指旗舰店（GREEN FINGERS）

绿手指日本旗舰店位于三轩茶屋幽静的住宅区内，是一家包含古董家具、杂货、首饰、装饰品等品类齐全的店铺。另外，能够在这里欣赏到其他分店没有的罕见植物，也是本店的特色。为了迎接开业四周年，店铺重新设置了植物吧台和工作区，俨然一个洋溢着艺术家的考究风格的空间。这里也提供许多生活方面的新鲜点子，让你只需在生活中添加一点儿元素，便能享受到和以往不同的气氛。

东京都世田谷区三轩茶屋 1-13-5 1 层
电话：03-6450-9541
营业时间：12:00~20:00，周三休息

绿手指植物园
（Botanical GF Village de Biotop Adam et Rope）

店铺位于离东京中心不远，洋溢着恬静气息的二子玉川购物中心内。店内以室内植栽为主，有各式各样种类及尺寸的植物。不但有罕见的奇形植物，更有原创设计且漆上各种色彩的美丽花盆和杂货，让顾客能够充分享受以植物为主的室内装饰搭配。

东京都世田谷区玉川 2-21-1 二子玉川 rise SC 2 层
Village de Biotop Adam et Rope
电话：03-5716-1975
营业时间：10:00~21:00

绿手指诺可
（KNOCK by GREEN FINGERS）

店铺设立于室内装潢商场入口处，从大型家具到杂货、布料，一应俱全，激发顾客以植物来装饰室内或空间的灵感。从种类丰富、个性鲜明的植物，到充满男性风格的室内植栽，品项齐全，欢迎莅临参观。

东京都港区北青山 2-12-28 1 层 ACTUS AOYAMA
电话：03-5771-3591
营业时间：11:00~20:00

绿手指诺可港未来店
(KNOCK by GREEN FINGERS MINATOMIRAI)

店铺2013年开设于横滨港未来21购物中心，店内摆满店家精心挑选，有着丰富个性的植物和盆栽、杂货及园艺工具等，货品齐全，使顾客能够一次性购足。店内充满能够轻松运用于室内装饰的小型植物，瞬间改变房屋整体氛围，令人印象深刻。店铺位于车站外，交通便利，有机会请务必前来参观。

神奈川县横滨市港未来3-5-1 MARK IS港未来一层
电话：045-650-8781
营业时间：10:00~20:00（周末及法定节假日为10:00~21:00）

绿手指诺可天王洲店
（KNOCK by GREEN FINGERS TENNOZ）

开设于生活杂货店林立的天王洲新购物中心SLOW HOUSE内的店铺。除了围绕着入口处的各色植物，二楼也可自行挑选玻璃容器和植物，制作出独一无二的玻璃盆栽。

东京都品川区东品川21-3 SLOW HOUSE
电话：03-5495-9471
营业时间：11:00~20:00

绿手指·植物补给店
（PLANT&SUPPLY by GREEN FINGERS）

店内植物种类齐全，即使是刚开始培育植物的人，也可以融入店内的氛围。欢迎亲自到这个店长引以为傲的、以原创粉笔画装饰的空间，体会生活中有植物相伴的乐趣。

东京都涩谷区神南1-14-5 URBAN RESEARCH 3层
电话：03-6455-1971
营业时间：11:00~20:30

作者简介

川本谕 / 绿手指

主张展现植物原本的自然美和经年累月变化的魅力，提倡独特设计风格的园艺师。发挥管理专长，在日本开设六家店铺和美国纽约分店，除了运用植物素材之外，涉足杂志连载、店面空间设计、室内设计、婚礼顾问等，以设计者身份活跃于各大领域。近年，更以独特的创意，举办表现植物美感的个展和装置艺术活动，积极开拓联系植物与人的领域。

花园
不是一天
建成的
THE GARDEN
WAS NOT BUILT IN A DAY

图书在版编目（CIP）数据

美式风格手记 / (日) 川本谕著 ; 陈妍雯译 . -- 北京 : 中信出版社 , 2019.7（2019.9重印）

书名原文 : Deco Room with Plants in NEW YORK

ISBN 978-7-5217-0426-6

Ⅰ. ①美… Ⅱ. ①川… ②陈… Ⅲ. ①园林植物-室内装饰设计-室内布置 Ⅳ. ① TU238.25

中国版本图书馆 CIP 数据核字 (2019) 第 073259 号

美式风格手记

著　　者：[日]川本谕

译　　者：陈妍雯

出版发行：中信出版集团股份有限公司

（北京市朝阳区惠新东街甲4号富盛大厦2座　邮编　100029）

承 印 者：北京雅昌艺术印刷有限公司

开　　本：787mm × 1092mm　1/16　　印　　张：7　　字　　数：100千字

版　　次：2019年7月第1版　　印　　次：2019年9月第3次印刷

京权图字：01-2018-6818　　广告经营许可证：京朝工商广字第8087号

书　　号：ISBN 978-7-5217-0426-6

定　　价：58.00元